思維遊戲大挑戰

昆蟲大決鬥

☆ 日本腦力遊戲書 ☆

新雅文化事業有限公司
www.sunya.com.hk

U0111400

目錄

第 1 章 誰勝誰負？ **昆蟲大戰！** 5

預賽第 1 組

第 2 章 誰是最強？ **昆蟲大戰！** 23

預賽第 2 組

第 3 章 誰是冠軍選手？ **昆蟲運動會！** 41

第 4 章 千奇百怪！**昆蟲搜索隊！** 59

第 5 章 驚心動魄！**巨型昆蟲大鬧城市** **77**

 第 6 章 開心愉快！**歡迎來到昆蟲樂園** **95**

 第 7 章 兩強對決！**昆蟲王者大決戰！** **II3**

決賽第 1 輪

第 8 章 王者誰屬？**昆蟲王者誕生了！** **I3I**

決賽第 2 輪

答案頁 **I47**

遊戲玩法

找不同

比較左面和右面的圖畫，從右圖中找出不同之處。

比較上面和下面的圖畫，從下圖中找出不同之處。

找找看

先查閱左面的物件清單，再從圖畫中找出那些東西。

給讀者的小提醒

本書中會有一些動物如蜘蛛、鼠婦等，牠們的外形雖然跟昆蟲相似，但嚴格來說並不屬於昆蟲類。

第 1 章

誰勝誰負？昆蟲大戰！

預賽第 1 組

大家好，我們是昆蟲偵察隊，是來尋找昆蟲高手參加「昆蟲王者大決戰」的。我們為了把昆蟲的樣子看清楚，把自己也縮小了啊！好，一起出發吧！

昆蟲偵察隊

獨角仙
vs
鋸齒鍬形蟲

不同之處有 **4** 個
★容易★

誰勝誰負？

小知識　無論是獨角仙或鋸齒鍬形蟲，牠們都非常喜歡吸食樹汁（樹液）啊！

獨角仙 Japanese rhinoceros beetle

攻擊力
體型　速度
防禦力

日本

獨角仙最威風的當然是牠的獨角！

鋸齒鍬形蟲 Saw stag beetle

攻擊力
體型　速度
防禦力

日本

牠最大特徵是彎曲的大顎！

答案在第147頁

大戰的勝利者是獨角仙！

7

② 不同之處有 **5** 個 ★容易★

誰勝誰負？

無霸勾蜓 vs 大褐蟬

小知識　體型比一般蜻蜓大的無霸勾蜓，飛行速度可達時速 70 公里，像汽車一樣快啊！

無霸勾蜓
Jumbo dragonfly

日本

攻擊力
體型
速度
防禦力

牠是全日本最大的蜻蜓！

VS

大褐蟬
Large brown cicada

日本

攻擊力
體型
速度
防禦力

牠擁有一對啡褐色的翅膀！

答案在
第147頁

大戰的勝利者是 無霸勾蜓！

9

③ 不同之處有 5 個
★容易★

誰勝誰負？

枯葉大刀螳 vs 飛蝗

小知識　枯葉大刀螳的尾部鞘翅的顏色較深，長有呈紫色的花紋。

枯葉大刀螳
Tenodera aridifolia

中國

攻擊力 / 體型 / 速度 / 防禦力

VS

牠的前腳像鐮刀，用來捕獵。

飛蝗
Migratory locust

日本

攻擊力 / 體型 / 速度 / 防禦力

牠擁有很強的跳躍力！

答案在第147頁

大戰的勝利者是 枯葉大刀螳 ！

④
不同之處有 **5** 個
★容易★

預賽第 1 組

誰勝誰負？ **昆蟲大戰！**

誰勝誰負？

白條天牛 VS 大步甲

大步甲 Japanese ground beetle

攻擊力
體型
速度
防禦力

日本

牠在危急時會噴出臭氣保護自己！

VS

白條天牛 White striped longhorn beetle

攻擊力
體型
速度
防禦力

亞洲

尖銳的巨顎是牠強大的武器！

12

小知識　大步甲的尾部鞘翅已經退化至不能飛行了，所以牠只能爬行。

答案在
第147頁

大戰的勝利者是白條天牛！

5
不同之處有 6 個
★中等★

誰勝誰負？

食蟲虻
vs
墨綠彩麗金龜

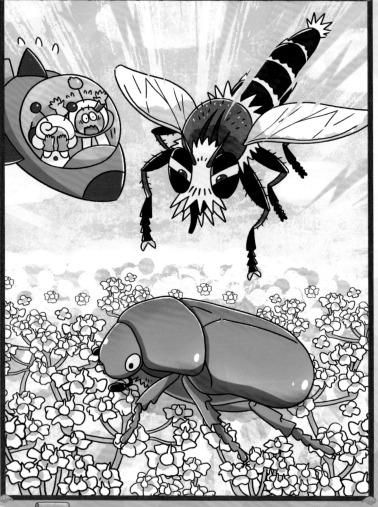

小知識　墨綠彩麗金龜有別於其他同類的地方，是牠們不吃樹液及腐爛的果實，而只吃樹葉！

食蟲虻 Robber fly

亞洲

攻擊力
體型　　　速度
防禦力

牠的獵物就是
其他昆蟲！

VS

墨綠彩麗金龜
Japanese fruit beetle

攻擊力
體型　　　速度
防禦力

日本

牠會吃樹葉，
是害蟲啊！

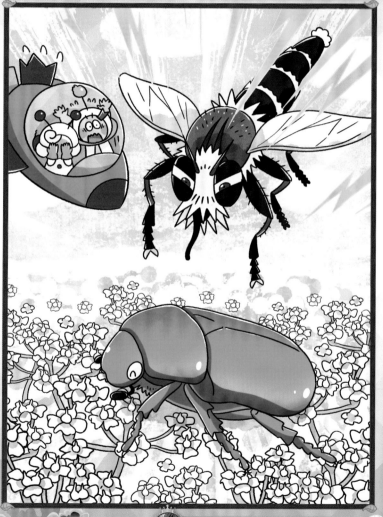

答案在
第147頁

大戰的勝利者是 食蟲虻！

15

6

不同之處有 **6** 個
★困難★

誰勝誰負？

蟻獅
vs
日本弓背蟻

小知識 蟻獅不是蟻，牠們是蟻蛉的幼蟲。成蟲跟蜻蜓相似。

右圖跟左圖是左右相反的！

蟻獅 Antlion

攻撃力
體型　　速度
防禦力

牠會掘地穴來捕食其他昆蟲！

日本弓背蟻
Japanese carpenter ant

攻撃力
體型　　速度
防禦力

亞洲

日本

牠是黑螞蟻之中最大的一種。

答案在第148頁

大戰的勝利者是 蟻獅！

誰勝誰負？ 昆蟲大戰！

大鍬形蟲
山原
長臂金龜
VS

誰勝誰負？

大鍬形蟲 Japanese great stag beetle

攻擊力
體型
速度
防禦力

日本

牠最大特徵是巨大的身體，和較彎較圓的大顎！

VS

山原長臂金龜
Yanbaru long-armed scarab beetle

攻擊力
體型
速度
防禦力

日本

牠的前腳比一般的金龜更長。

小知識　山原長臂金龜是日本沖繩縣獨有的品種，也屬於金龜科。

答案在
第148頁

大戰的勝利者是 大鍬形蟲 ！

⑧

要找的東西有 **7** 個
★中等★

誰勝誰負？

請從右圖
找出這**7**個
東西！

大紫蛺蝶 VS 高砂深山鍬形蟲

小知識　華麗的大紫蛺蝶被日本選定為國蝶，但牠們也有於中國地區出現。

大紫蛺蝶
Great purple emperor

攻擊力
體型　速度
防禦力

日本

成蟲的前翅可長達55厘米！

VS

高砂深山鍬形蟲 Deep mountain stag beetle

攻擊力
體型　速度
防禦力

日本

最大特徵是身上長有細毛。

昆蟲大戰
大問答

以下就是在預賽第 1 組脫穎而出的昆蟲選手，
牠們能夠晉身「昆蟲王者大決戰」！

咦？有點奇怪！

有一隻輸了的昆蟲混在裏面啊。

你知道哪一隻是輸了的昆蟲嗎？

昆蟲大戰
附加 問題

這些東西在哪裏出現過？

小提示：範圍是第6頁至第21頁之間。

第 2 章

誰是最強？ 昆蟲大戰！

預賽第 2 組

我們昆蟲偵察隊的任務，是物色「昆蟲王者大決戰」的昆蟲選手，並將牠們送到未來世界參賽！

昆蟲偵察隊

① 不同之處有 **4** 個
★容易★

誰勝誰負？

彩虹鍬形蟲 VS 吉丁蟲

小知識　吉丁蟲的鞘翅閃爍又美麗，在很久以前人們已經用來做飾物了。

彩虹鍬形蟲
Rainbow stag beetle

大洋洲

攻擊力
體型　速度
防禦力

VS

吉丁蟲 jewel beetle

亞洲

攻擊力
體型　速度
防禦力

在光線照射下，身體會呈現彩虹色彩！

身體呈金屬顏色。在香港也能發現啊！

② 不同之處有 **5** 個　★容易★

誰勝誰負？

竹節蟲 VS 馬來西亞大枯枝螳螂

小知識　馬來西亞大枯枝螳螂的身體雖然大，但是身手非常敏捷啊！

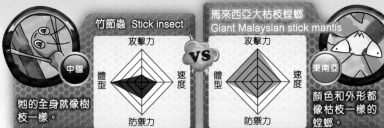

竹節蟲 Stick insect

牠的全身就像樹枝一樣。

中國

攻擊力
體型
速度
防禦力

VS

馬來西亞大枯枝螳螂
Giant Malaysian stick mantis

顏色和外形都像枯枝一樣的螳螂。

東南亞

攻擊力
體型
速度
防禦力

③
不同之處有**6**個
★中等★

誰勝誰負？

長頸鹿鋸齒鍬形蟲 VS 波特力豎角兜蟲

小知識　波特力豎角兜蟲懂得咬開竹筍，吸食裏面的汁液。

長頸鹿鋸齒鍬形蟲
Giraffe stag beetle

攻擊力
體型　速度
防禦力

vs

波特力豎角兜蟲
Golofa porteri

攻擊力
體型　速度
防禦力

東南亞

牠的巨顎長度，跟自己身體一樣長！

中南美洲

牠的角就像一把細長的鋸！

預賽第 2 組

誰是最強？昆蟲大戰！

誰勝誰負？

大角金龜 VS 巴拉望巨扁鍬形蟲

巴拉望巨扁鍬形蟲 Dorcus titanus palawanicus

攻擊力
體型　　速度
防禦力

東南亞

牠是世界上其中一種最大的鍬形蟲。

VS

大角金龜 Goliath beetle

攻擊力
體型　　速度
防禦力

非洲

體型巨大的金龜子。鞘翅長有白紋的較罕見。

  小知識　大角金龜的體型雖然巨大，但身體較輕，所以擅長飛行啊！

答案在
第149頁

大戰的勝利者是巴拉望巨扁鍬形蟲！

誰勝誰負？

天蠶蛾 vs 大虎頭蜂

小知識　天蠶蛾成長至成蟲後，口器會退化，什麼也不會吃。

天蠶蛾 Japanese giant silkmoth

攻擊力
體型　速度
防禦力

日本

VS

大虎頭蜂 Asian giant hornet

攻擊力
體型　速度
防禦力

日本

牠的翅膀張開後長達 10 厘米以上！

香港常見的胡蜂也長了有毒的螫針，非常危險。

尤犀金龜 vs 沙螽

6
不同之處有**4**個
★困難★

誰勝誰負？

 小知識　尤犀金龜又名五角大兜蟲，但牠的性格反而很溫馴。

☆右圖被分成了2塊，並上下對調了！

尤犀金龜 Five-horned rhinoceros beetle

沙螽 Sia ferox

攻擊力

體型 ⚔VS 速度

防禦力

攻擊力

體型 速度

防禦力

東南亞

牠是擁有 5 隻角的獨角仙。

東南亞

牠外表跟蟋蟀和蝗蟲相似，但體型巨大得多。

答案在第149頁

大戰的勝利者是沙螽！

35

不同之處有 **6** 個
★困難★

預賽第 2 組

誰是最強？ 昆蟲大戰！

誰勝誰負？

赫克力士長戟大兜蟲 **VS** 毛象大兜蟲

赫克力士長戟大兜蟲
Hercules beetle

攻擊力
體型
速度
防禦力

南美洲

牠是世界上最大的獨角仙。

VS

毛象大兜蟲
Elephant beetle

攻擊力
體型
速度
防禦力

中美洲

牠是世界上最重的獨角仙。

36

  小知識 毛象大兜蟲身上長有短毛，就像一個奇異果。牠的腳可以強而有力地抓緊樹身。

★ 下圖跟上圖是相反方向的！

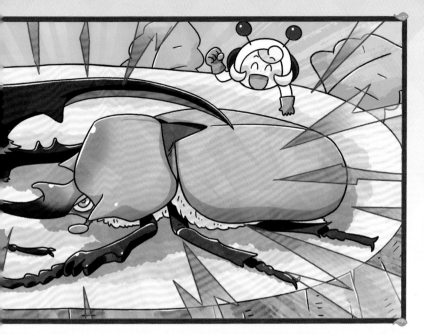

大戰的勝利者是赫克力士長戟大兜蟲！

高卡薩斯南洋大兜蟲

VS

帝王蟬

誰勝誰負？

⑧

要找的東西有 **7** 個
★中等★

請從右圖
**找出這7個
東西！**

小知識　帝王蟬展翅可達到 20 厘米長，牠只會在早上和黃昏的短時間內鳴叫。

高卡薩斯南洋大兜蟲
Chalcosoma chiron

帝王蟬
Empress cicada

攻擊力
體型　　速度
防禦力

VS

攻擊力
體型　　速度
防禦力

東南亞

東南亞

這種獨角仙擁有
3 隻長角。

牠是世界上數
一數二的大型
蟬種。

以下就是在預賽第 2 組脫穎而出的昆蟲選手，
牠們全都能夠晉身「昆蟲王者大決戰」……

昆蟲大戰
大問答

呀，又有一些輸了的昆蟲
混在裏面了！

你知道哪一隻是輸了的昆蟲嗎？

「昆蟲王者大決戰」將會
由第 113 頁開始！最強的
昆蟲到底是誰呢？

昆蟲大戰
附加 問題

這些東西在哪裏出現過？

小提示：範圍是第24頁至第39頁之間。

答案在第150頁

第 3 章

誰是冠軍選手？
昆蟲運動會！

嘩！我們的學校校舍起飛了，竟然飛來了昆蟲世界？原來我們今日要參觀昆蟲界的運動會，目擊冠軍選手的誕生！

誰是冠軍選手？ **昆蟲運動會！**

體型最巨大！
中國巨竹節蟲

小知識 竹節蟲的長腳很容易折斷，但牠在幼蟲時期折斷了的腳，是會再次生長的啊！

中國巨竹節蟲 Phryganistria chinensis Zhao

中國

攻擊力

體型　　速度

防禦力

身體全長可達62.4厘米！

中國巨竹節蟲是成都華希昆蟲博物館發現的，刷新了世界上最長昆蟲的紀錄啊！

答案在第150頁

體型最巨大的是中國巨竹節蟲！

氣力最大！

蜣螂

蜣螂又稱糞金龜、屎殼郎或聖甲蟲。牠會把糞便推送到自己的巢，然後吃掉，或會在糞便中產卵。

蜣螂 Dung beetle

非洲

牠會把其他動物的糞便推成圓球形。

攻擊力
體型
速度
防禦力

蜣螂能夠推動比自己的體重大 1000 倍的糞便啊！

答案在第150頁

氣力最大的是蜣螂！

45

③

不同之處有 **6** 個

★中等★

誰是冠軍選手？昆蟲運動會！

賽跑最快！

虎甲

虎甲 Cicindela

攻擊力

體型　速度

防禦力

全世界

身體的顏色相當艷麗。

有一種沙漠虎甲，時速達 80 公里，1 秒可以跑 22 米啊！

46

小知識　虎甲遍布世界各地，連香港也可發現數個品種。牠總會走在你前面，跟你保持一小段距離，所以有「引路蟲」之稱。

答案在第150頁

賽跑最快的是**虎甲**！

身體最堅硬！
黑硬象鼻蟲

小知識　這種黑硬象鼻蟲實在太堅硬，連雀鳥吞下了也難以消化，所以雀鳥不太喜歡捕食牠們。

黑硬象鼻蟲
Pachyrhynchus infernalis

日本

牠以一層堅硬無比的外殼來護身。

攻擊力
體型
速度
防禦力

牠的外殼非常堅硬，就算被人類踏中，也完全不會受傷啊！

答案在第150頁

身體最堅硬的是黑硬象鼻蟲！

跳躍力最強！

人蚤

小知識 人蚤是跳蚤的一種，牠會吸食人、貓狗等寵物的血液。我們一定要做好清潔預防！

⭐ 右圖跟左圖是左右相反的！

人蚤 Human flea

攻擊力
體型
速度
防禦力

全世界

牠的身長只有 2 至 3 毫米。

人蚤可以跳到自己身高 100 倍的高度啊！

答案在第151頁

跳躍力最強的是人蚤！

誰是冠軍選手？昆蟲運動會！

日本大田鱉*

*鱉，粵音別

水中最強！

日本大田鱉
Giant water bug

攻擊力
體型
速度
防禦力

日本

牠愛吃海中的小魚和青蛙等小動物。

田鱉是水生昆蟲，尾部長有幼細的呼吸管，伸出水面呼吸。

小知識　田鱉可說是水中殺手。以前也會常常在田裏出現，不過現在的數量已大減。

答案在
第151頁

水中最強的是田鱉！

請從右圖
找出這**8**個
東西！

飛行最快！

碧偉蜓

小知識　碧偉蜓是一種巨大的蜻蜓，在香港也可以找到。牠們雄性的腹部是呈水藍色的。

碧偉蜓 Lesser emperor

攻擊力
速度
防禦力
體型

亞洲

牠的身體呈黃綠色或水藍色。

碧偉蜓的飛行速度超過時速 100 公里，1 秒可飛 27 米啊！

答案在第151頁

飛行最快的是碧偉蜓！

8

迷宮
★容易★

牠能夠順利飛到花田嗎？

鳳蝶

狼蛛

虎頭蜂

螳螂

安全到達，太好了！

終點

小知識　在夏天蛻變為成蟲的鳳蝶，體型比春天的鳳蝶還要大。

鳳蝶 Swallowtail

香港

種類繁多、色彩斑斕，到處都可看到。

攻擊力
體型
速度
防禦力

迷宮的遊玩方法

避開可怕的生物，選擇安全的道路，往花田飛去吧！

鳳蝶

起點

我好想吸食花蜜啊！

青蛙

蜘蛛

*柑橘類植物：例如檸檬、柚子、橙等

答案在第151頁

鳳蝶會在柑橘類植物*的樹葉上產卵啊！

57

誰是冠軍選手？

體型最大、氣力最大、跳得最高……看來大家知道各項目的冠軍選手是哪一隻昆蟲了。

現在就來考考你！

昆蟲大問答

以下這隻昆蟲是哪方面最強的呢？

1 體型　　2 氣力　　3 賽跑　　4 堅硬度　　5 跳躍力

誰是冠軍附加問題

這些東西在哪裏出現過？

小提示：範圍是第42頁至第57頁之間。

第 4 章

千奇百怪！
昆蟲搜索隊！

　　森林裏的昆蟲眾多，牠們身上
都長有古怪的特徵啊。昆蟲搜查隊
兩位成員就帶大家看看當中有趣的
發現吧！

① 不同之處有 **4** 個 ★容易★

好長好長的尾巴！

馬尾蜂

小知識 馬尾蜂是一種寄生蜂，牠會用長長的尾巴，即是產卵管，插入白條天牛等幼蟲的體內，然後產卵。

馬尾蜂 Eurobracon yokohamae

日本

這種蜂的身上是沒有毒針的。

攻擊力・速度・防禦力・體型

馬尾蜂長長的尾巴,其實是產卵管來的,即是用來下蛋的器官。

答案在第152頁

長長尾巴很有趣,牠就是**馬尾蜂**!

大角的形狀最特別！

巴西角蟬

小知識　角蟬長着奇特的角，就像戴了頭盔一樣。在世界上共有 3,200 種，有些品種也可以在香港找到啊！

巴西角蟬
Brazilian treehopper

中南美洲

牠的大角前端長有 4 個球狀的瘤。

攻擊力
體型
速度
防禦力

巴西角蟬的球狀角非常特別，有說是用來模仿螞蟻外形的。

答案在第152頁

球狀的大角很有趣，牠就是巴西角蟬！

好響亮的聲音！

熊蟬

小知識　熊蟬喜歡在早上至中午的時段，爬到苦楝樹上響亮地鳴叫。

熊蟬
Cryptotympana

攻擊力
體型 速度
防禦力

亞洲

牠棲息於溫暖的地帶。

熊蟬的鳴叫聲，跟救護車的鳴笛聲一樣響亮啊！

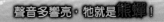

④ 不同之處有 **7** 個
★容易★

千奇百怪！

昆蟲搜索隊！

突眼蠅

←雙眼的距離隔開很遠！

突眼蠅 Stalk-eyed fly

攻擊力
體型
速度
防禦力

非洲

這種眼柄長的小蠅棲息於溫暖的地方。

突眼蠅的眼柄越長、雙眼距離愈遠，就越受雌性歡迎。

小知識 突眼蠅的品種很多，除非洲外，也會出沒於在亞洲的亞熱帶地區。我們在香港也會找到牠啊。

66

答案在
第152頁

雙眼的距離隔開很遠，牠就是突眼蠅！

⑤
不同之處有 **7** 個
★困難★

成蟲只能活一天！
蜉蝣

  小知識 牠們是最原始的有翅昆蟲，有證據證明牠們在遠古時代已經出現啊！

右圖跟左圖是左右相反的！

蜉蝣 Mayfly

攻擊力
體型
速度
防禦力

全世界

牠的特徵是大大的前翅和長長的尾巴。

有些蜉蝣多次蛻皮變成成蟲後，壽命只有一天啊。

答案在第152頁

成蟲只能活一天的是蜉蝣！

馬來西亞巨竹節蟲

千奇百怪！

昆蟲搜索隊！

身體最重！

馬來西亞巨竹節蟲
Malaysian stick insect

攻擊力

體型　　　速度

防禦力

東南亞

牠被喻為世界上最重的昆蟲。

牠雖然長有翅膀，不過因為太重了，所以飛不起。

小知識　馬來西亞巨竹節蟲如果遇到敵人，就會擺出倒立姿勢來威嚇對方！

下圖分成了3塊，並以不同的次序排列起來！

答案在
第152頁

身體最重的是**馬來西亞巨竹節蟲**！

豔麗閃爍的翅膀！

彩襖蛺蝶　閃蝶

請從右圖
找出這 **8** 個
東西！

 小知識　閃蝶的翅膀表面是藍色，不過底部卻像是枯葉的顏色。

彩襖蛺蝶 Agrias

攻擊力
體型　　　速度
防禦力

中南美洲

翅膀上分布着紅、藍、黑三種顏色。

閃蝶 Morpho butterfly

攻擊力
體型　　　速度
防禦力

中南美洲

受到光線照射時，翅膀會閃耀出藍色的亮光。

答案在第153頁

翅膀多豔麗，牠們就是**彩襖蛺蝶**和**閃蝶**！

73

牠能夠順利回家嗎？

七星瓢蟲

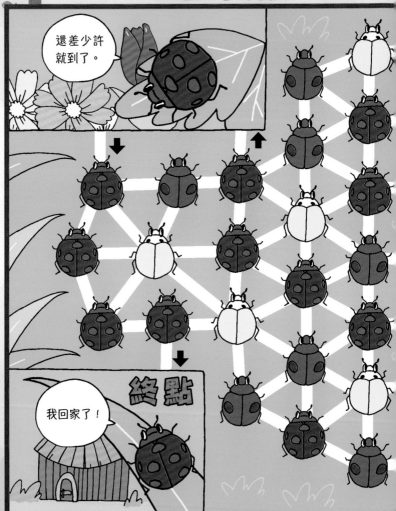

七星瓢蟲遇到危緊情況時，會從腳部分泌出黃色臭臭的汁液來保護自己。

七星瓢蟲
Seven-spot ladybird

攻擊力

全世界

體型

速度

防禦力

地最大特徵是背部的7顆黑色斑點。

迷宮的遊玩方法

七星瓢蟲只可經過跟自己一樣的圖案回家，不可以經過其他瓢蟲啊！

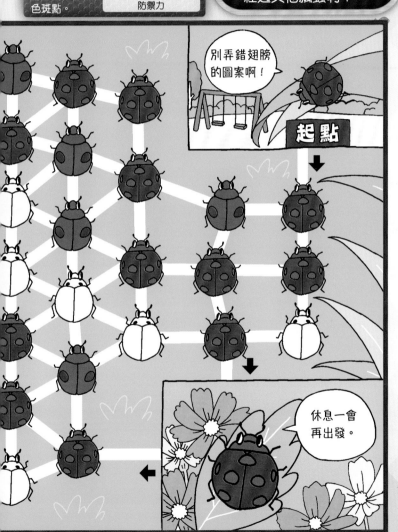

別弄錯翅膀的圖案啊！

起點

休息一會再出發。

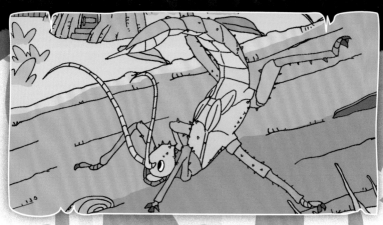

千奇百怪！

昆蟲大問答

球狀的角、雙眼隔開很遠、極長的尾巴……

不同昆蟲各有不同的特徵，奇怪又有趣。

那就來考考你！

以下這隻昆蟲，在哪方面的特徵最厲害呢？

1 長尾巴　　2 角的形狀　　3 叫聲響亮

4 雙眼距離很遠　　5 身體最重

千奇百怪！

附加問題

這些東西在哪裏出現過？

小提示：範圍是第60頁至第75頁之間。

76　答案在第153頁

第 5 章

驚心動魄！
巨型昆蟲大鬧城市！

不得了！不得了！
　有一羣巨型昆蟲在四處搞亂啊！
為免城市被破壞，要儘快抓住牠們才
行，昆蟲捕捉部隊出動吧！

昆蟲捕捉部隊

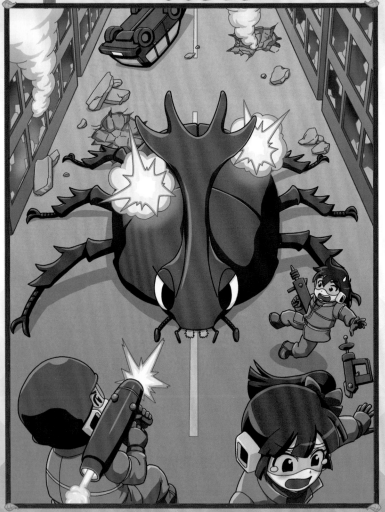

① 不同之處有 **5** 個 ★容易★

堅硬得能抵擋任何攻勢！

獨角仙

小知識 獨角仙感到生氣或興奮時，會發出聲音。那些其實不是鳴叫聲，而是腹部伸縮時發出的。

獨角仙 Japanese rhinoceros beetle

攻擊力

體型 ◆ 速度

防禦力

日本

獨角仙最威風的當然是牠的獨角!

獨角仙又名兜蟲,因為牠的角很像日本武士的「兜盔」(頭盔)。

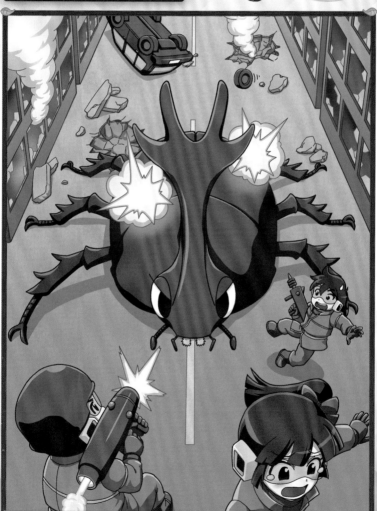

獨角仙不用張開嘴巴也會發出聲音!

用剪刀形
的尾巴發動攻擊！
大蠼螋*

*蠼螋，粵音渠手

小知識 大蠼螋常常藏在河流或海邊的石頭下。潮濕的環境或泥土中也有牠們的蹤影。

大蠼螋 Riparian earwig

全世界

牠尾巴上的剪刀是用來捕獵的。

攻擊力
體型
速度
防禦力

大蠼螋足跡遍布世界各地,包括室內和郊外!

世界各地都有大蠼螋出現!

③
不同之處有 **7** 個
★中等★

驚心動魄！
巨型昆蟲大鬧城市！

會噴出灼熱的高溫氣體！

屁步甲

屁步甲 Asian bombardier beetle

攻擊力
體型 速度
防禦力

日本

受到威脅時，牠就會噴出氣體。

屁步甲噴出的氣體可達攝氏 100 度，射程遠至 20 厘米！

小知識　屁步甲有多個別名，例如放屁蟲、炮手甲蟲、投彈甲蟲等，重點都是牠的攻擊能力。

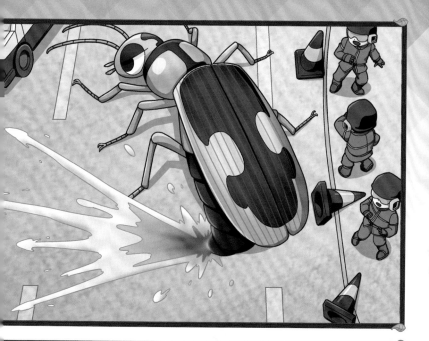

答案在
第154頁

屁步甲 噴出的氣體達攝氏100度高溫！

一跳就可
跨過高樓大廈！

飛蝗

小知識　飛蝗會因應成長環境而令體型和顏色改變，例如由綠色變成棕色或黑色。

飛蝗
Migratory locust

日本

攻擊力
體型
速度
防禦力

跳躍力非常高的大蝗蟲。

飛蝗愛吃稻米，所以對農民是害蟲啊！

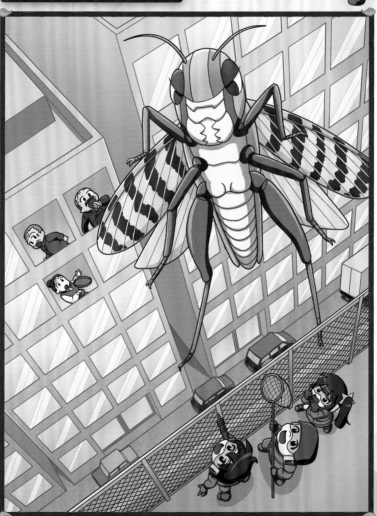

答案在第154頁

飛蝗的跳躍力是非常強的！

⑤
不同之處有 **6** 個
★困難★

大怪獸在
天空飛舞！
皇蛾

小知識　皇蛾喜愛在溫暖的地帶棲息，例如東南亞、中國南部。在香港也時有出現！

★右圖分成了 4 塊，並以不同的次序排列着啊！

皇蛾 Atlas moth

亞洲

牠被認定為亞洲地區最大的飛蛾。

攻擊力

體型

速度

防禦力

皇蛾的翅膀張開時，可達 30 厘米闊啊！

答案在第154頁

皇蛾是全世界最大的蛾！

不同之處有 **7** 個
★中等★

驚心動魄！
巨型昆蟲大鬧城市！

輕功水上飄！

大黽蝽*

*黽蝽，粵音猛春

大黽蝽
Aquarius elongatus

攻擊力
體型　速度
防禦力

亞洲

牠在水面上滑行和生活。

黽蝽會等待其他
蟲子墜進水中，
上前吸取牠們的
體液啊！

88

小知識　黽蝽是蝽象的近親，又名水黽、水蜘蛛、水鉸剪。牠們可以在水面滑行而不沾濕腹部，身體還會發出香氣啊！

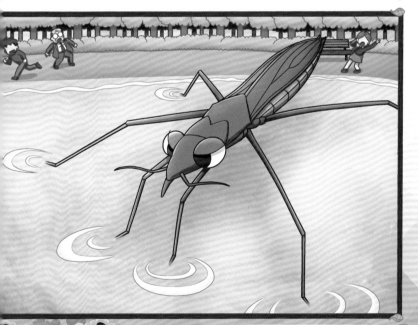

答案在
第154頁

大田鱉是食肉的昆蟲！

驚心動魄！巨型昆蟲大鬧城市！

別看錯！牠不是兇猛的虎頭蜂！

虎天牛

7

要找的東西有 **8** 個

★中等★

請從右圖找出這8個東西！

小知識 虎天牛棲息在桑樹上，並會蛀食樹幹，所以屬於害蟲。

虎天牛
Xylotrechus chinensis

亞洲

外形跟虎頭蜂非常相似的天牛。

攻擊力
速度
體型
防禦力

虎天牛的外形偽裝成兇猛的虎頭蜂，用來嚇唬敵人，保護自己。

桑樹公園

答案在第154頁

虎天牛會偽裝成虎頭蜂嚇唬敵人！

驚心動魄！巨型昆蟲大鬧城市！

牠能吃到美味的樹蜜嗎？

獨角仙

日本紅娘華	米爾恩黑額蜓	虎甲

貓蚤	麗金龜	中華劍角蝗

鍬形蟲	螽斯	雄性金斑蛺蝶

圓瓢蠟蟬	鈴蟲	鼓甲

好味道！ 終點	丁香天蛾	小型蟬

小知識 獨角仙的大角是非常尖銳的，所以人們用手捕捉牠們時，會從較小的角拿起。

日本

獨角仙 Japanese rhinoceros beetle

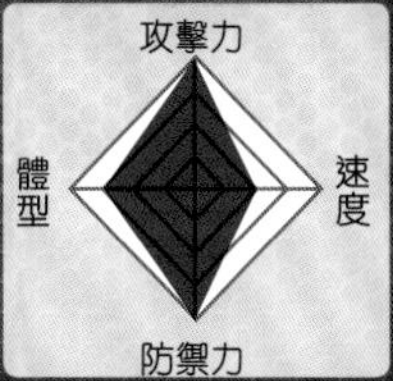
攻擊力
速度
防禦力
體型

獨角仙最威風的當然是牠的獨角！

迷宮的遊玩方法

按以下規則從起點走到終點：

- 只可通過名字中包含「虫」字部首或「蟲」字的格子；
- 例子：蛇蛉 ✓、吉丁蟲 ✓、孑孓 ✗

白鉤蛺蝶
蛇蛉
起點
獨角仙
要看清楚名字啊！
吉丁蟲
孑孓
白尾灰蜻
無霸勾蜓
苧麻天牛
蘋果天牛
蜜蜂
灑灰蝶
木蘭青鳳蝶
螢火蟲
螳蠍蝽
蠼螋

答案在第155頁

獨角仙的大角非常尖銳，不要用手碰！

驚心動魄！

昆蟲大問答

在昆蟲捕捉部隊的努力下，終於把在城市中搗亂的巨型昆蟲都制伏了！

你記得這隻昆蟲品種的名字嗎？

請從以下3項中選擇吧！

① 貓天牛　　② 虎天牛　　③ 獅天牛

驚心動魄 附加 問題

這些東西在哪裏出現過？

小提示：範圍是第78頁至第93頁之間。

第 6 章

開心愉快!
歡迎來到昆蟲樂園!

歡迎各位來到昆蟲樂園!只要戴上這頂昆蟲帽,你就可以成為昆蟲的朋友,跟牠們一起玩耍了!

① 不同之處有 **5** 個
★容易★

在花叢中玩捉迷藏！
蘭花螳螂

小知識　雄性蘭花螳螂的體型非常細小，竟然只有雌性的一半！

蘭花螳螂 Orchid mantis

東南亞

攻擊力
體型
速度
防禦力

外形有如蘭花一樣的螳螂。

蘭花螳螂模仿成蘭花般粉白色的樣子，然後捕食不小心靠近的昆蟲。

答案在第155頁

蘭花螳螂跟蘭花長得一模一樣！

開心愉快！歡迎來到昆蟲樂園！

跟管弦樂隊大合奏！
螽斯

小知識 螽斯是透過摩擦前翅來發出聲音的。

螽斯 katydid

亞洲

牠們棲息在青草背後，優美地鳴叫。

攻擊力
體型
速度
防禦力

螽斯英文名稱「katydid」的拼法，是要模仿牠們的鳴叫聲。

答案在第155頁

螽斯 在求偶和防衞時會鳴叫！

③
不同之處有 **7** 個
★中等★

漂亮的髮型屋開張！
粉吹金龜

漂亮
髮型屋

小知識　粉吹金龜在夜晚的時候，會靠近光亮的地方啊！

粉吹金龜 Melolontha

攻擊力
體型 / 速度
防禦力

歐洲

牠的觸角形狀很特別啊!

粉吹金龜的身上長有毛茸茸的細毛啊!

漂亮髮型屋

粉吹金龜的絨毛觸角非常特別!

開心愉快！
歡迎來到昆蟲樂園！

大團扇春蜓

乘在蜻蜓背上在空中散步！

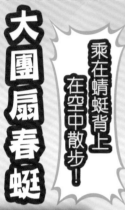

大團扇春蜓
Golden flangetail

攻擊力
體型
速度
防禦力

亞洲

尾巴末端有一對黃斑的葉突，就像一把團扇。

蜻蜓會活捉其他昆蟲並吃掉啊！

 小知識 大團扇春蜓在香港也能發現，牠的外形跟無霸勾蜓極相似，但顏色細節稍有分別，各自屬於不同的科目。

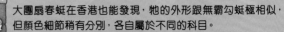

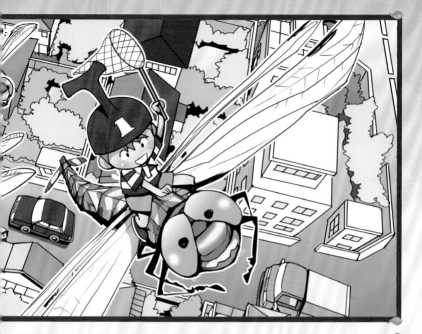

答案在
第155頁

大團扇春蜓的尾巴有一把團扇！

閃爍而美麗的翅膀！

吉丁蟲

 小知識 吉丁蟲又稱為寶石蟲，在英國的維多利亞時代，被人當作活寶石。

右圖跟左圖是左右相反的！

吉丁蟲 jewel beetle

亞洲

身體會發出金屬般的光澤。

攻擊力
體型　速度
防禦力

從不同角度觀看吉丁蟲的翅膀，會看到不同的顏色啊！

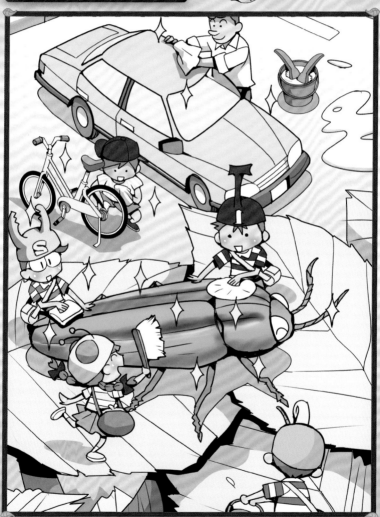

答案在第156頁

吉丁蟲的翅膀閃爍而美麗！

開心愉快！
歡迎來到昆蟲樂園！

負子蝽
爸爸會盡力保護自己的子女！

負子蝽
Giant water bug

攻擊力
體型
速度
防禦力

亞洲

牠們是在水中生活的昆蟲。

雌性負子蝽會把卵直接生產在雄性的背上，讓雄性養育。

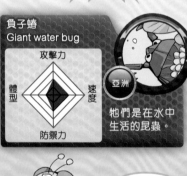

小知識 負子蝽會捕食較小的魚來攝取營養。

下圖分成了 3 塊，並以不同的次序排列着啊！

答案在
第156頁

負子蟲是由雄性來照顧雌性產下的卵！

7
要找的東西有 8 個
★中等★

要吃得肚子滿滿的！
蜜 蟻

小知識 在蜜蟻族羣中，部分成員會成為儲蜜蟻，用腹部儲滿花為其他工蟻提供食糧。

蜜蟻 Honey ant

大洋洲

生活在乾燥地帶的螞蟻。

攻擊力
體型
速度
防禦力

蜜蟻會攝取大量花蜜,並儲存在腹部,令肚子脹脹的。

答案在第156頁

蜜蟻會把花蜜儲存在腹部!

8
迷宮
★困難★

要成功逃離隧道迷宮！
鋸齒鍬形蟲

此路不通

肚子餓了！

此路不通

終點

這迷宮很曲折吧？

小知識　人們要捕捉樹上的鋸齒鍬形蟲時，會用腳踢樹幹，令牠們失足掉下來。但大家要愛護樹木啊！

鋸齒鍬形蟲
Saw stag beetle

日本

牠最大特徵是彎曲的大顎！

攻擊力
體型
速度
防禦力

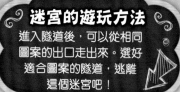

迷宮的遊玩方法

進入隧道後，可以從相同圖案的出口走出來。選好適合圖案的隧道，逃離這個迷宮吧！

相同圖案的隧道入口和出口，是可以相通的。

起點

此路不通

此路不通

答案在第156頁

鋸齒鍬形蟲 的大顎如同鋸齒一樣！

111

開心愉快！

昆蟲
大問答

大家在昆蟲樂園玩得開心嗎？

你一定記得下面這位昆蟲朋友叫什麼名字吧？

請從以下 3 項中選擇吧。

① 蜜蜂　　　② 蜂蟻　　　③ 蜜蟻

開心愉快　附加　問題

這些東西在哪裏出現過？

小提示：範圍是第96頁至第111頁之間。

第 7 章

兩強對決！
昆蟲王者大決戰！

決賽第 1 輪

16 位實力強勁、成功晉身決賽的昆蟲選手，正式進入決賽階段！

哪一位選手會在「昆蟲王者大決戰」中突圍而出呢？

昆蟲大戰評判團

不同之處有 **5** 個
★中等★

誰勝誰負？

獨角仙
vs
彩虹鍬形蟲

  大部分鍬形蟲都在夜間活動，但彩虹鍬形蟲卻是在日間活動的。

攻擊力
體型　速度
防禦力

VS

攻擊力
體型　速度
防禦力

彩虹鍬形蟲 Rainbow stag beetle

大洋洲

在光線照射下，身體會呈現彩虹色彩！

答案在第157頁

大戰的勝利者是**獨角仙**！

115

②

不同之處有 **6** 個
★中等★

誰勝誰負？

無霸勾蜓
vs
馬來西亞大枯枝螳螂

小知識 無霸勾蜓長有一對大大的綠色複眼。複眼即是由大量小眼組成的視覺器官。

無霸勾蜓
Jumbo dragonfly

日本

攻擊力
體型 VS 速度
防禦力

牠是全日本最大的蜻蜓！

馬來西亞大枯枝螳螂
Giant Malaysian stick mantis

東南亞

攻擊力
體型 速度
防禦力

顏色和外形都像枯枝一樣的螳螂。

答案在第157頁

大戰的勝利者是 無霸勾蜓！

117

③

不同之處有 **7** 個
★中等★

誰勝誰負？

兩強對決！昆蟲王者大決戰！ 決賽第 1 輪

枯葉大刀螳
VS
長頸鹿鋸齒鍬形蟲

小知識

長頸鹿鋸齒鍬形蟲是世界上最長的鍬形蟲。牠的英文名字「Giraffe stag beetle」同樣以長頸鹿（Giraffe）為名，就如同昆蟲界中的長頸鹿。

118

枯葉大刀螳
Tenodera aridifolia

中國

牠的前腳像鐮刀，用來捕獵。

長頸鹿鋸齒鍬形蟲
Giraffe stag beetle

東南亞

牠的巨顎長度，跟自己身體一樣長！

大戰的勝利者是 長頸鹿鋸齒鍬形蟲！

④

不同之處有 **7** 個

★中等★

決賽第 **1** 輪

兩強對決！昆蟲王者大決戰！

誰勝誰負？

巴拉望巨扁鍬形蟲 VS 白條天牛

白條天牛 White striped longhorn beetle

| 攻擊力 |
| 體型 |
| 速度 |
| 防禦力 |

亞洲

尖銳的巨顎是牠強大的武器！

VS

巴拉望巨扁鍬形蟲 Dorcus titanus palawanicus

| 攻擊力 |
| 體型 |
| 速度 |
| 防禦力 |

東南亞

牠是世界上其中一種最大的鍬形蟲。

120

小知識 白條天牛身上有些條紋，活生生的時候呈黃色，但死後就會變成白色。

答案在
第157頁

大戰的勝利者是巴拉望巨扁鍬形蟲！

食蟲虻 vs 大虎頭蜂

小知識 在香港，會螫傷人的有毒節足類動物包括胡蜂、蜈蚣、入侵紅火蟻、蠍子等，遇到牠們時大家要小心了！

食蟲虻 Robber fly

亞洲

攻擊力
體型 ◇ 速度
防禦力

牠的獵物就是其他昆蟲！

VS

大虎頭蜂
Asian giant hornet

攻擊力
體型 ◇ 速度
防禦力

日本

香港常見的胡蜂也長了有毒的螫針，非常危險。

答案在第157頁

大戰的勝利者是大虎頭蜂！

6
不同之處有 6 個
★困難★

誰勝誰負？

蟻獅 vs 沙螽

 小知識 蟻獅是蟻蛉的幼蟲，牠在幼蟲時期是不會排便的。

右圖分成了4塊，並以不同的次序排列着啊！

蟻獅 Antlion

攻擊力
速度
體型
防禦力

亞洲

牠會掘地穴來捕食其他昆蟲！

沙蝨 Sia ferox

攻擊力
速度
體型
防禦力

東南亞

牠外表跟蟋蟀和蝗蟲相似，但體型巨大得多。

VS

答案在第157頁

大戰的勝利者是沙蝨！

125

兩強對決！昆蟲王者大決戰！

誰勝誰負？

大鍬形蟲 VS 赫克力士長戟大兜蟲

大鍬形蟲 Japanese great stag beetle

攻擊力
體型　速度
防禦力

日本

牠最大特徵是巨大的身體，和較彎較圓的大顎！

VS

赫克力士長戟大兜蟲 Hercules beetle

攻擊力
體型　速度
防禦力

南美洲

牠是世界上最大的獨角仙。

小知識 相比起一般鍬形蟲的成蟲只有數個月壽命，大鍬形蟲可以生存 3 年以上，可算相當長壽啊！

☆ 下圖跟上圖是相反方向的！

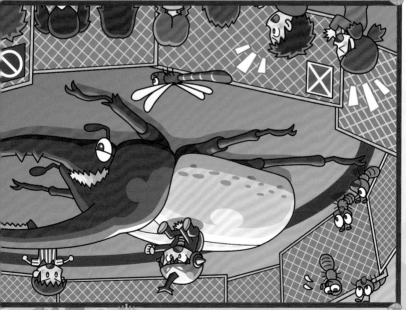

答案在
第158頁

 大戰的勝利者是 赫克力士長戟大兜蟲！

8

要找的東西有 **8** 個
★中等★ 誰勝誰負？

高砂深山鍬形蟲
VS
高卡薩斯南洋大兜蟲

請從右圖
**找出這8個
東西！**

 小知識

雄性的高砂深山鍬形蟲，身軀的顏色
比其他鍬形蟲較呈淺啡色。

VS

日本

攻擊力
體型　　速度
防禦力

東南亞

攻擊力
體型　　速度
防禦力

最大特徵是身上長有細毛。

這種獨角仙擁有3隻長角。

以下的昆蟲就是能夠出線
昆蟲王者大決戰的最後 8 強！

咦？但是有一隻昆蟲的顏色
弄錯了！

你能找出是哪一隻
昆蟲嗎？

這些東西在哪裏出現過？

小提示：範圍是第114頁至第129頁之間。

第 8 章

王者誰屬？
昆蟲王者誕生了！

決賽第 2 輪

經過連場大戰，昆蟲選手最後 8 強終於出現！昆蟲王者即將從這 8 位選手中誕生！最強的昆蟲王者寶座，到底會花落誰家？

昆蟲大戰評判團

獨角仙 VS 無霸勾蜓

① 不同之處有 **6** 個 ★中等★

誰勝誰負？

小知識　當昆蟲變成成蟲後，無論牠們怎樣吃，身體也不會再長大啊！

獨角仙 Japanese rhinoceros beetle

日本

攻擊力
體型　速度
防禦力

VS

無霸勾蜓 Jumbo dragonfly

攻擊力
體型　速度
防禦力

日本

獨角仙最威風的當然是牠的獨角！

牠是全日本最大的蜻蜓！

答案在第158頁

大戰的勝利者是 獨角仙！

133

② 不同之處有 **7** 個
★中等★

誰勝誰負？

長頸鹿鋸齒鍬形蟲
vs
巴拉望巨扁鍬形蟲

小知識　雄性長頸鹿鋸齒鍬形蟲有地盤意識，會用長長的巨顎來保護配偶和地盤。

攻擊力

體型　　速度

防禦力

東南亞

牠的巨顎長度，跟自己身體一樣長！

VS

攻擊力

體型　　速度

防禦力

東南亞

牠是世界上其中一種最大的鍬形蟲。

答案在第158頁

大戰的勝利者是巴拉望巨扁鍬形蟲！

王者誰屬？ 昆蟲王者誕生了！ 決賽第 2 輪

大虎頭蜂 vs 沙螽

 小知識　大虎頭蜂的螫針無論向敵人叮螫多少次，也不會被扯掉和脫落！

大虎頭蜂
Asian giant hornet

攻擊力

體型　　速度

防禦力

日本

香港常見的胡蜂也長了有毒的螫針，非常危險。

VS

沙螽 Sia ferox

攻擊力

體型　　速度

防禦力

東南亞

牠外表跟蟋蟀和蝗蟲相似，但體型巨大得多。

答案在第159頁

大戰的勝利者是沙螽！

137

赫克力士長戟大兜蟲 VS 高卡薩斯南洋大兜蟲

誰勝誰負？

138

小知識　高卡薩斯南洋大兜蟲是好戰的昆蟲，常常為爭奪食物和配偶而打架。

★ 右圖跟左圖是左右相反的！

赫克力士長戟大兜蟲
Hercules beetle

南美洲

攻擊力
體型　速度
防禦力

牠是世界上最大的獨角仙。

VS

高卡薩斯南洋大兜蟲
Chalcosoma chiron

東南亞

攻擊力
體型　速度
防禦力

這種獨角仙擁有 3 隻長角。

答案在
第159頁

大戰的勝利者是赫克力士長戟大兜蟲！

5

不同之處有 **5** 個

★困難★

決賽第 2 輪

王者誰屬？ 昆蟲王者誕生了！

誰勝誰負？

試找出下圖影子形狀跟上圖不一樣的地方！

巴拉望巨扁鍬形蟲 **VS** 獨角仙

獨角仙 Japanese rhinoceros beetle

攻擊力

體型 — 速度

防禦力

日本

獨角仙最威風的當然是牠的獨角！

VS

巴拉望巨扁鍬形蟲
Dorcus titanus palawanicus

攻擊力

體型 — 速度

防禦力

東南亞

牠是世界上其中一種最大的鍬形蟲。

小知識　巴拉望巨扁鍬形蟲是源自菲律賓的巴拉望島的大型鍬形蟲。

答案在
第159頁

大戰的勝利者是巴拉望巨扁鍬形蟲！

⑥ 不同之處有 6 個　★困難★

誰勝誰負？

沙螽 VS 赫克力士長戟大兜蟲

 小知識　最大的赫克力士長戟大兜蟲可超過 18 厘米啊！

★ 你能找出右面相片中的 6 個不同之處嗎？

142

沙螽 Sia ferox

攻擊力

體型　　　速度

防禦力

VS

牠外表跟蟋蟀和螳蟲相似，但體型巨大得多。

赫克力士長戟大兜蟲
Hercules beetle

攻擊力

體型　　　速度

防禦力

牠是世界上最大的獨角仙。

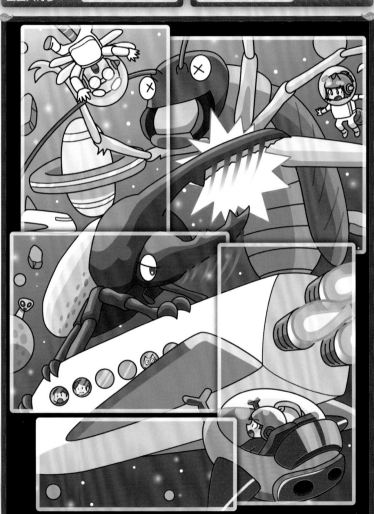

答案在
第159頁

大戰的勝利者是赫克力士長戟大兜蟲！

巴拉望巨扁鍬形蟲
vs
赫克力士長戟大兜蟲

誰勝誰負？

請從右圖
找出這 **8** 個
東西！

小知識 赫克力士長戟大兜蟲的獨角上有短毛，可以起防滑的作用。

巴拉望巨扁鍬形蟲 Dorcus titanus palawanicus

攻擊力
體型　速度
防禦力

VS

赫克力士長戟大兜蟲 Hercules beetle

攻擊力
體型　速度
防禦力

東南亞
牠是世界上最大的鍬形蟲。

南美洲
牠是世界上最大的獨角仙。

昆蟲王者是赫克力士長戟大兜蟲！

就是赫克力士長戟大兜蟲！

赫克力士長戟大兜蟲得勝的原因，正是牠巨大的角和強大的力量！

昆蟲大戰
附加 問題

這些東西在哪裏出現過？

小提示：範圍是第132頁至第145頁之間。

答案頁

* 找不同和找找看的答案以○標示。
* 迷宮答案以顏色線標示。

第 1 章 1

第 6~7 頁

第 1 章 2

第 8~9 頁

第 1 章 3

第 10~11 頁

第 1 章 4　第12~13頁

第 1 章 5

第 14~15 頁

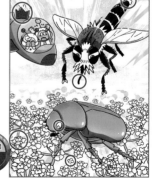

第1章 6 第16~17頁

第18~19頁 第1章 7

第1章 8

第20~21頁

第1章 附加問題 第22頁

在第8頁　　　在第21頁

第2章 1 第24~25頁

第26~27頁

第28~29頁

第30~31頁

第32~33頁

第34~35頁

第36~37頁

第2章 8 第38~39頁

第2章 附加問題 第40頁

在第24或25頁　在第39頁

第3章 1 第42~43頁

第3章 2 第44~45頁

第3章 3 第46~47頁

第48~49頁 **第3章 4**

第3章 5 第50~51頁

第52~53頁 第3章 6

第3章 7 第54~55頁

第3章 附加問題 第58頁

① 體型　② 氣力　③ 賽跑　④ 堅硬度　⑤ 挖洞力

② 氣力

在第42或 43頁　在第48或 49頁

第3章 8

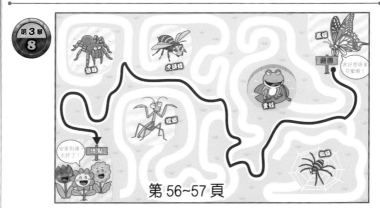

蜘蛛　虎頭蜂　螳螂　青蛙　蝴蝶　蜂蜜

安全到達 太好了！　終點

我好想吸食 花蜜喔！

第 56~57 頁

第4章 **1** 第60~61頁

第4章 **2** 第62~63頁

第4章 **3** 第64~65頁

第4章 **4** 第66~67頁

第4章 **5** 第68~69頁

第4章 **6** 第70~71頁

第4章 **7** 第72~73頁

第4章 附加問題

① 長尾巴　② 尾的形狀　③ 叫聲響亮

④ 雙翅距離得遠　⑤ 身體最重

⑤ 身體最重

在第64或65頁

在第68頁

第4章 **8**

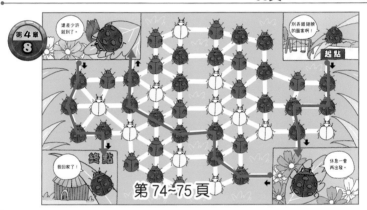

還差少許就到了。

別弄錯建橋的圖案啊！

起點

終點

我回家了！

第74~75頁

休息一會再出發。

第5章 **1**

第78~79頁

第5章 **2**

第80~81頁

第5章 3　第82~83頁

第84~85頁　第5章 4

第5章 5　第 86~87 頁

第 88~89 頁　第5章 6

第5章 7　第90~91頁

第5章 附加問題　第94頁

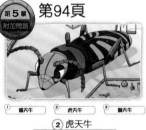

① 龍天牛　② 虎天牛　③ 獅天牛

② 虎天牛

在第86頁　在第91頁

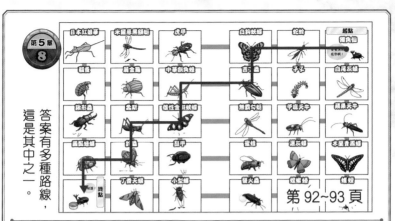

第5章 8

答案有多種路線，這是其中之一。

第92~93頁

第6章 1

第96~97頁

第6章 2

第98~99頁

第6章 3　第100~101頁

第6章 4　第102~103頁

第 104~105 頁

第 6 章 5

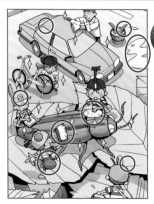

第 106~107 頁

第 6 章 6

第 108~109 頁

第 6 章 7

第112頁

第 6 章 附加問題

① 蜜蜂	② 螞蟻	③ 蜜蜂

③ 蜜蟻

在第98或99頁　　在第102頁

第 110~111 頁

第 6 章 8

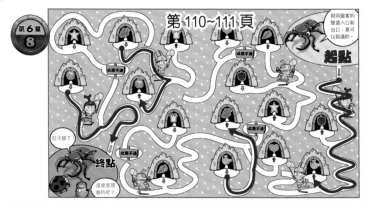

相同圖案的隧道入口和出口，是可以相通的。

第7章 1

第114~115頁

第7章 2

第116~117頁

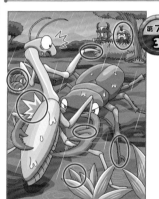

第7章 3

第118~119頁

第7章 4

第120~121頁

第7章 5

第122~123頁

第7章 6

第124~125頁

第**7**章 **7** 第126~127頁

第**7**章 附加問題 第130頁

在第126頁　在第128頁

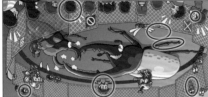

第**7**章 **8**

第128~129頁

第**8**章 **1** 第132~133頁

第**8**章 **2**

第134~135頁

第8章 3 第 136~137 頁

第8章 4 第 138~139 頁

第8章 5 第140~141頁

第142~143頁 第8章 6

第8章 7 第144~145頁

第8章 附加問題 第146頁

在第136或 在第142頁
137頁

思維遊戲大挑戰
昆蟲大決鬥 日本腦力遊戲書

作　　者：朝日新聞出版
繪　　圖：青木健太郎（第1、2章）、Sugano Yasunori（第3章）、
　　　　　Gami（第4章）、坂井Yusuke（第5章）、市川智茂（第6章）、
　　　　　笠原Hirohito（第7、8章）
翻　　譯：亞　牛
責任編輯：黃楚雨
美術設計：張思婷
出　　版：新雅文化事業有限公司
　　　　　香港英皇道499號北角工業大廈18樓
　　　　　電話：(852) 2138 7998
　　　　　傳真：(852) 2597 4003
　　　　　網址：http://www.sunya.com.hk
　　　　　電郵：marketing@sunya.com.hk
發　　行：香港聯合書刊物流有限公司
　　　　　香港荃灣德士古道220-248號荃灣工業中心16樓
　　　　　電話：(852) 2150 2100
　　　　　傳真：(852) 2407 3062
　　　　　電郵：info@suplogistics.com.hk
印　　刷：中華商務彩色印刷有限公司
　　　　　香港新界大埔汀麗路36號
版　　次：二〇二二年十一月初版
　　　　　二〇二四年十月第二次印刷